JN139146

美容、健康、料理＆家事に

毎日、ハッカ生活。

北見ハッカ愛好会　著

大和出版

INTRODUCTION

ハッカの魔法を知りましょう

『ハッカ』と聞いて、
どんなものを思い浮かべるでしょうか？
ハッカ飴？　なんとなくスースーするというイメージ？

きっとほとんどの人は、
「ハッカが天然の万能薬」だということを、
今はまだ知らないでしょう。

そう、ハッカ油ってすごいんです。

さわやかな香りでリフレッシュさせてくれたり、
イヤな臭いを消してくれたり、
夏の暑い日にひんやりと肌を冷やしてくれたり、

肩こりや頭痛、むくみに一役買ってくれたり、
虫をよけてくれたり……etc.

ハッカのすごさを知っている人は、
ハッカ油の小瓶が「魔法の小瓶」に見えるはず。

この本では、ハッカ油を上手に
暮らしの中で実践できるアイデアを
たくさん紹介しています。できるだけ
実用的で簡単にできるものばかりを集めました。
ぜひあなたの生活にも取り入れてみてください。

そして、ハッカ油との付き合い方に慣れてきたら、
「魔法の小瓶」を扱う魔法使いになった気持ちで、
どんどん使い方をアレンジしてみましょう。
自由度が高いのもハッカ油のいいところ。
あなただけの、
ハッカ油の使いこなし術を楽しんでくださいね。

CAUTION

ハッカ油を使いはじめる前にお読みください

この本を使うときの注意点

本書で紹介している活用方法やレシピは、すべて北見ハッカ愛好会が94ページのハッカ油を使ってリサーチし、検証したものですが、効能・効果には個人差がありますことをご了承ください。また94ページに掲載しているハッカ油以外のものを使用する場合は、各製品の使用上の注意をご確認ください。

ハッカ油の分量について

本書に掲載されているハッカ油の分量は、1滴＝0.05mlとしています。

本書で使用している94ページの「ハッカ油ボトル」にはスポイトが付属していませんのでご注意ください。

ハッカ油を直接肌につけて使用する場合の注意点

＊ 使用前に必ずパッチテストをしましょう。ハッカ油を腕の内側あたりに10円硬貨大に薄く塗って、48時間経っても異常がなければお試しいただけます。

＊ ハッカ油には揮発性があり刺激も強いので、目元近くには使用しないように注意してください。

＊ 肌の調子が悪いときは、使用を避けてください。

乳幼児への使用はお控えください

一般の精油に共通して、乳幼児には刺激が強すぎる場合があります。また、誤飲を防ぐためにお子さまの手の届かないところへ保管しましょう。

CONTENTS

美容、健康、料理＆家事に
毎日、ハッカ生活。

INTRODUCTION

PROLOGUE
ハッカは、こうしてできている

PART 1
ハッカは、さわやかさをくれる

PART 2

ハッカは、キレイをつくる

PART 3

ハッカは、毎日の習慣に役立つ

CLEAN

PART 4
ハッカは、身体をいたわってくれる

Health

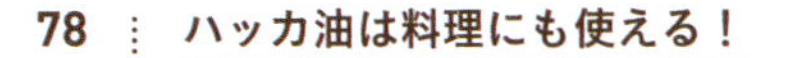

PART 5 ハッカは、料理にも使える

Cooking

画像協力　株式会社北見ハッカ通商

編集協力　株式会社マニュブックス

PROLOGUE

ハッカは、こうしてできている

ハッカ油はどのようにつくられ、
ハッカ油を使うとどんな「いいこと」があるのでしょうか？
使いはじめる前に知っておきたいハッカ油のこと、
お話しします。

ハッカ油ってどんなもの？

ハッカ油はハッカ草から抽出された100％天然成分です

栽培されたハッカ草を乾燥し、蒸留器で抽出します。
草を蒸留器に入れて一方から蒸気を吹き込むことで、
もう一方から蒸気に混じった成分が出てくるというしくみです。
そして、その蒸気を冷却器で冷やすことで、精油が生成されます。
出てきた液体を集めると、蒸気中の水と精油が分離した状態で溜まるので、
ここから精油のみを取り出します。こうしてできたのが「ハッカ油」です。

ハッカとミントはどう違うの？

ミント（Mint）は英名、ハッカ（薄荷）は和名。
つまり同じものを指しています。
シソ科ハッカ属の植物にはペパーミント系、スペアミント系など
さまざまな種類があり、なかでも日本で栽培されているものは、
英名で「ジャパニーズ・ミント」と呼ばれています。

ハッカ油は
コストパフォーマンスに
優れた万能オイル

あらゆるシーンでさわやかさをくれる

夏の暑い日、ハッカ油は肌にひんやりとした心地よさを与えてくれる
清涼剤として大活躍。また、お部屋や衣類・靴などのイヤな臭いを、
さわやかな香りでカバーしてくれます。

キレイになるための手助けをしてくれる

美容アイテムとしても有能なハッカ油。
むくんだ身体をすっきりさせてくれたり、肌をきゅっと引き締めてくれたり。
また、顔や身体の「キレイ」だけでなく、掃除アイテムとして
アレンジすることで、お部屋の「キレイ」もサポートしてくれます。

アウトドアを快適に

私たちにとって心地いいハッカの香りも、虫たちは苦手なようです。
つまり、家の中からアウトドアにまで、ハッカ油は大活躍してくれます。

健康的な生活をサポートしてくれる

「ちょっと調子が悪いな」というときにも、ハッカ油でリフレッシュ。

料理にも使える

ハッカ油は料理にも使えます。
飲み物、スイーツ、スープ……。ほんの少したらすだけで、
味にアクセントが加わり、私たちの心をリフレッシュしてくれます。

1年を通して
ハッカを使おう

「ハッカって清涼感が強いから、暑い夏場以外は使いにくい？」
いえいえ、そんなことはありません。
むしろ、こんなにオールシーズンで大活躍する万能な精油は
なかなかないくらい。

ハッカの持つ効能や効果、シーンに応じたさまざまな使い方やアイデアは
この後たっぷり説明しますが、
春夏秋冬という切り口で見れば、次のページのような使い方ができます。

春夏秋冬、ハッカは使える!!

SPRING
AUTUMN
SUMMER
WINTER

SPRING

鼻のグズグズに

くしゃみ・鼻づまり・目のかゆみというつらい症状がおそいかかる季節、
春。鼻炎薬を使うのもいいけれど、そんな症状には
ハッカ水をスプレーした「ハッカ・ハンカチ」(71ページ)が役立ちますよ。
ハッカ・ハンカチを鼻から口のあたりに当てて鼻呼吸をすれば、
つまってムズムズ不快だった鼻のまわりにスーッと爽快感が広がります。
また、ペパーミントに含まれているポリフェノールには
抗アレルギー作用があるといわれているので、
ハッカ油と合わせてミントティーやミント料理を試してみるのもおすすめ。

SUMMER

虫よけ、清涼効果に

人も虫も活発になる夏。アウトドアやちょっとした外遊びには、
ぜひハッカの虫よけスプレー(50ページ)を持っていきましょう。
蚊やアブ、ブユ、ハチといった虫たちは、
メントールのスーッとする成分が苦手のようです。
ハッカはペパーミントよりもメントール含有量が多いので、
虫よけにもってこいなのです。
帽子の内側にハッカ油をちょっとたらしたり、
シャワーで汗を流す際に使ったりすると快適に過ごせます。

AUTUMN

食べすぎてしまったときに

ハッカは古くから健胃作用・整腸作用の薬として使われてきました。
食欲の秋、ついつい食べすぎてしまったときには、
コップ1杯のハッカ水（67ページ）を飲むと、お腹がすっきりします。
また、ハッカ油と手ぬぐいで簡単に作れる「ハッカ湿布」（68ページ）も
ぜひ試してみてください。
じんわり温かいのにスーッとする不思議な感覚が、
お腹の苦しさを緩和してくれるはずです。

WINTER

風邪対策に

空気が乾燥し、風邪が流行しやすい冬には
アロマ加湿器＋ハッカ油（70ページ）で。
メントールには高い抗菌効果があるのをご存知でしょうか？
この名コンビはあなたを風邪から精一杯遠ざけてくれます。
また、もし風邪をひいてしまった後でも
このアロマ加湿器＋ハッカ油が活躍します。
部屋中にさわやかな香りが広がって、
香りが心地よく、蒸気が喉の痛みや、咳、鼻水といった
つらい症状をやわらげるとされています。

私たち、こんなふうにハッカ油を使っています！

ハッカ油と暮らしのアイデア集

毎日、入浴時に使用しています

お風呂にハッカ油を入れたときの、スーッとした体感と
温かくなっていく感じがとても好きです。浴室のイヤな臭いも
緩和されるような気がします。また、真夏は外出前に
部屋にハッカ油をたらして行きます。すると夕方帰宅したときに、
さわやかな香りが出迎えて、外の暑さを忘れさせてくれるんです。
【わこ　40代女性】

アブ、ブユよけとして

アブ、ブユなどの虫よけのために肌と衣服にスプレーしています。
使いはじめて5年、虫に刺された記憶がありません。
夏場に山に出かけると、車外に出られなくなるほど
無数のアブが車に寄ってくることがありますが、
窓を少し開けてハッカ油をスプレーするとアブの数が減ります。
【シロクマ　50代男性】

ストレスを感じたときに

気つけにハッカ油は欠かせません。
仕事でストレスを感じたり、満員電車で息切れを感じて
気持ち悪くなったとき、ハッカの香りを嗅ぐだけでホッとします。
【acoracco 50代女性】

ハッカマスクを手作り

私は風邪予防にハッカマスクを作っています。
1箱分のマスクをチャック付きのビニールパックに入れて、
ハッカ油を2〜3滴たらしたコットンを一緒に入れておくと、
翌日にはハッカのいい香りのマスクができあがります。
【りんのママ　40代女性】

掃除用の洗剤を手作り

重曹、酸素系漂白剤、セスキ炭酸ソーダに
ハッカ油を数滴たらしたものを掃除洗剤として使っています。
掃除の仕上げには、各部屋に置いてるアロマストーンに
ハッカ油をたらします。
芳香と虫よけの効果を得られるのでとても便利です。
【たえ　30代女性】

※あくまで個人の感想です

ハッカ油を使用する基本

ハッカスプレー

美容・健康、お掃除など、ハッカ油を使用する基本となるのが「ハッカスプレー」です。さっそく作り方を解説しましょう。

材料（100㎖）

- **ハッカ油** …… 20～40滴
- **精製水** ……90㎖
（薬局やドラッグストアで買えます）
- **無水エタノール** …… 10㎖
（薬局やドラッグストアで買えます）

用意するもの

- **スプレー容器**

※ハッカ油は油のため、水に溶けにくい性質がありますが、無水エタノールを入れることで混ざりやすくなります。無水エタノールを使用しない場合は、よく振ってからスプレーしましょう。

作り方

1. スプレーボトルに無水エタノールとハッカ油を入れ、よく振る。
2. 1に精製水を注ぎ入れ、もう一度よく振って完成。

memo

♣ボトルはポリスチレン製だと溶けてしまう可能性があります。ガラス製や陶器製のものがおすすめですが、ポリプロピレンかポリエチレン製のものも、安価で手に入りやすいでしょう。

♣ハッカ油の成分でシミができることがあります。お掃除に使うときなどは、目立たないところで試してから使ってみてください。

♣手作りハッカスプレーの使用期限は1週間～10日ほど。早めに使いきるようにしてください。

PART 1

ハッカは、さわやかさをくれる

ハッカといえば、スーッとするもの。
気分をすっきり・さわやかにしてくれます。
ここでは、さまざまなシーンで、ハッカの爽快感を
存分に活用する方法を紹介します。

なんでハッカはさわやかなの？

「ハッカを使うと、スーッとすっきりして気持ちがいい」。このさわやかさについて、少し深く掘り下げていきましょう。

メントールに冷却作用があります。といってもメントール自体に体温を下げるはたらきはありません。皮膚や舌にある“冷たさを感じる受容体”を刺激し、活性化させ、脳に「冷たくなった」と勘違いさせている、というしくみです。

また、ハッカ油を構成する主要成分はメントールですが、これらは香りとして脳に直接はたらきかけます。感情の処理を司る扁桃体、さらに視床下部という自律神経系の中枢にも届いて、気持ちをすっきりリフレッシュさせてくれるのです。

昔からハッカやミントは、芳香浴はもちろんのこと、葉を食用にしたり身体に貼ったりして、つらい症状をやわらげるために用いられてきました。その歴史は古代ギリシャや古代ローマの時代にまでさかのぼるといいます。

人々ははるか昔から体感として「ハッカがいい！」とわかっていて、生活に取り入れてきたといえるでしょう。

暑いとき

ハッカ帽子

夏の暑い日、外出先でクーラーや扇風機がない環境でハッカ油は大活躍。「クーラーが苦手」という女性にもおすすめです。

ハッカ帽子の作り方

ハッカ油を1～2滴、帽子の内側にたらしてください。これだけで、蒸し暑い時期にぴったりな「ハッカ帽子」の完成！ スーッとした清涼感が頭全体に広がり、気持ちのいいお出かけができます。

頭は皮膚が薄く、神経が集中しているため冷感を感じやすい部位。頭頂部にハッカを使えばすぐに涼しさを感じることができます。

※肌の弱い方や刺激に敏感な方は、原液を使うのではなく、ハッカスプレー（18ページ）を帽子の内側に吹き付けて使用してください。

ひんやりハッカタオルの作り方

ハッカで涼しく感じるのは、メントールが脳を勘違いさせて「涼しい」と思わせているから。猛暑のときや、強い日差しを長時間あびるときには、水分補給や冷やして体温を下げることが大切です。ハッカの「ひんやり」に冷却効果を追加したいときは、保冷剤の併用がおすすめ。ハッカ油を1～2滴染み込ませたミニタオルで保冷剤をくるみ、頭の上にのせてから帽子をかぶりましょう。手ぬぐいやロングタオルにハッカ油をたらして保冷剤をくるめば、首の後ろを冷やしてくれる「ひんやりハッカタオル」になります。

汗やよごれをすっきり落としたいとき

ハッカ・ティッシュ

汗をかいたときや、汚れた手足を拭きたいときのために
「ハッカ・ティッシュ」を持ち歩きましょう。

ハッカ・ティッシュの作り方

ハッカのウェットティッシュは、汗やよごれを拭き取ってくれるだけではなく、肌をクールダウンさせ、ほてりをやわらげてくれます。
「自分で手作りするのが面倒！」という人には、「ミントフェイス」がおすすめです（95ページ）。

WET TISSUE

用意するもの

- **ハッカスプレー**（18ページ参照）
- **ウェットティッシュ**（香りの付いていないもの）

作り方

1. 使用する分のウェットティッシュを広げて、ハッカスプレーを1〜2回吹き付けます。
2. いったんウェットティッシュをたたんで、ハッカスプレーを全体に染み込ませたら完成。

memo

♣ウェットティッシュは、ノンアルコールタイプがおすすめです。

♣スプレーする分量は、最初は少なめにして調節してください。

乗り物酔いのとき

小瓶のハッカを嗅ぐ

バスや電車、飛行機に乗っていて気分が悪くなったときも、
ハッカ油があれば大丈夫。

酔いやすい人はハッカ油の小瓶を持ち歩いて

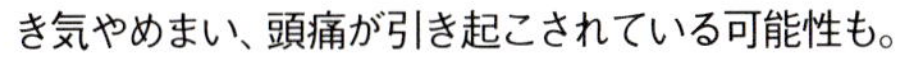

吐き気をはじめ、めまいや頭痛といった症状として現れる乗り物酔い。これは乗り物の不規則な揺れが三半規管を刺激し、その結果、自律神経や平衡感覚が乱れるために起こります。

また、狭い空間という精神的ストレスや、長時間の無理な体勢から吐き気やめまい、頭痛が引き起こされている可能性も。

長時間乗り物に乗る予定があるときは、小瓶に入れたハッカ油を持ち歩くようにしましょう。ふたを開けて嗅いだり、マスクやハンカチに数滴たらして嗅ぐと気分がリフレッシュできます。

人に酔ったとき、気持ち悪くなったときにも

人がたくさんいる場所や、苦手な臭いのする場所で気持ちが悪くなったときにも、上の方法を試してみてください。

ただし、たくさん吸い込みすぎないように注意が必要です。過剰に吸い込みすぎると逆効果になることも。自分にとって心地いい程度にとどめてくださいね。

乾燥対策に

ハッカのペーパー加湿器

コーヒーフィルタで紙の加湿器が作れるのを知っていますか？
電気を使わないエコな加湿器の作り方をご紹介します。

加湿器がなくても大丈夫！

ハッカのスプレーボトルがなくても加湿器を買わなくても、大丈夫。ハッカとこの「紙の加湿器」でうるおいケアをしましょう。

HUMIDIFIER

材料（100㎖）

- **コーヒーフィルタ …… 5枚**
- **ハッカ油 …… 適量**
- **水 …… 適量**

用意するもの

- **高さ10～15㎝程度のガラス瓶**

作り方

1. コーヒーフィルタを縦に四つ折りし、上部を波形に切ります。
2. 根本をゴムでくくり、花束をイメージしながら上部を広げます。
3. 5束できたら、水とハッカ油を入れたガラス瓶にさして完成です。

memo

♣瓶に入れるときは、花束のようにふんわりさせて。波型ではなく、ギザギザにしたり、バラの花束のようにアレンジしても楽しめます。

♣3～4日経ったら新しいコーヒーフィルタに取り替えましょう。

Arrange technic

ハッカスプレーを使う

カーテンやベッドカバーなどの布製品を中心に、室内にハッカスプレー（18ページ）を吹きつけましょう。かけすぎに注意。

気分的に落ち着かないとき

ハッカでクールダウン

イライラしたり、緊張で落ち着かなかったり……。
そんなときには、ハッカの力を借りてクールダウンしましょう。

外出先、家にいるとき、それぞれのリラックス方法

外出先ならば、紅茶にほんの少しハッカの香りをプラスしましょう（79ページ参照）。カフェインとハッカには自律神経を整える作用がありますから、飲み終える頃には心が落ち着いているはず。

家にいるときは、ハッカ油風呂（73ページ参照）で半身浴をするのがおすすめです。身体がほぐれると同時に心もほぐれてきます。

アロマポットでハッカを焚くのも効果的です。少し照明を暗くして、さわやかな香りのなかで炎の揺らぎを眺めていると、心がだんだんとおだやかになってきます。

息苦しさを感じたら、ハッカで気持ちを整える

緊張するとだんだんドキドキして、息苦しさを感じますよね。そんなときは、ハンカチにハッカ油を1～2滴たらし、鼻に当てて深呼吸しましょう。

ハンカチを当てたまま鼻からゆっくりとハッカの空気を吸い込み、呼吸を止めてゆっくり5つ数えます。数え終わったら、今度は口から細く細く空気を吐き出しましょう。これを落ち着くまで何度か繰り返します。頭のすみずみに酸素が行き渡るだけでなく、ハッカの香りが高ぶった気持ちを落ち着かせてくれます。緊張しやすい人は、ハッカ油の小瓶とハンカチをバッグの中に備えておくといいでしょう。

眠気覚ましに

ハッカの濡れタオル

朝すっきり起きられない、集中したいのに睡魔が襲ってくる。
そんなつらい眠気を吹き飛ばせるのが、「ハッカ濡れタオル」です。

ハッカ濡れタオルの作り方

洗面器に冷たい水（氷水ならなおよし！）をはり、そこにハッカを数滴落とし、その水で濡れタオルを作ります。そしてそれを数分間、目に当てましょう。身体の芯からシャキッとさせてくれます。

顔全体を覆いたいのならフェイスタオルでもいいでしょう。フェイスタオルなら、顔のほかに身体を拭いたり首に巻くといった使い方もできそうです。

このハッカ濡れタオルをいくつか作っておいてチャックつきポリ袋に入れ、冷蔵庫に保管しておけば、キンキンに冷えたものがいつでも使えます。

ハッカ蒸しタオルの作り方

濡れタオルをよく絞って電子レンジで50秒～1分ほど温め、ハッカ水を1～2回スプレー。電子レンジを使用しない場合は、洗面器に40～42℃のお湯を入れて、ハッカ油を1～2滴たらし、タオルを浸してよく絞ればハッカ蒸しタオルのできあがり。

この、ハッカ蒸しタオルを当ててひと息つきましょう。

蒸気が出ることで冷たい濡れタオルよりも香りが立ちやすくなるため、リフレッシュとリラックスなひとときの両方をもたらしてくれます。さらに、ドライアイで乾いてしまった目にじんわりとうるおいが広がり、心地よさを感じることができるでしょう。

※ハッカ濡れタオル、ハッカ蒸しタオルの使用中は、目を開けないようにしてください。

バスタイムに
ハッカのバスソルト

バスタイムにハッカをプラスすれば、至福の時間に早変わり。
ハッカの香りたっぷりの湯気に包まれて身体の芯から温まりましょう。

ハッカのバスソルトの作り方

ハッカ油を湯船に直接たらすのももちろんいいですが、ここでは一手間加えて、ハッカのバスソルトを作ってみましょう。

作り方は簡単。岩塩や海塩（ミネラルが多く含まれているもの）大さじ1〜3杯に、ハッカ油数滴を混ぜ合わせるだけ。

塩の持つ力はすばらしく、発汗・デトックスを促しながら、自然が生み出したミネラルによってお肌の調子を整えてくれます。そこにハッカが加われば、鼻と喉の通りがスムーズに。

※浴槽の機種によってはバスソルトが使えない場合があるので、事前に確認した上でお楽しみください。

※入浴後は1回ごとに湯船のお湯を捨て、身体と浴槽をシャワーでよく流しましょう。

ハッカ重曹で臭いもよごれもすっきり！

お風呂に重曹を入れると、よごれた皮脂を洗い流しやすくなります。

しかも汗や皮脂由来の酸性の臭いを抑えつつ、そこにハッカが香るので、デオドラントとしても優秀です。

お風呂1回分の分量は、重曹大さじ1〜3杯とハッカ油数滴。

このハッカ重曹の粉を余分に作っておき、角質が気になる箇所にのせてクルクルとマッサージすればスクラブとしても使えます。

※ハッカ重曹風呂の頻度は週1〜2回が理想です。過度な使用は控えてください。

お部屋で香りを楽しむ

ハッカのルームフレグランス

ハッカはルームフレグランスとしても優秀です。
ここでは、アロマポット以外でハッカの香りを楽しむ方法をご紹介します。

ハッカの香りだけでも十分心地よさを感じられますが、ほかの香りとブレンドするのもおすすめです。ハッカの香りと相性がいいのは、レモンやグレープフルーツなどの柑橘系。

さわやかでジューシーなブレンドは、やる気を出したいときや集中したいときにぴったりです。

その一方で、これらのオイルは揮発しやすく香りの持ちが弱いため、ハッカ+柑橘系のブレンドなら、場合によってはオイルを何度か足す必要があります。

香りの持ちをよくしたいのなら、ラベンダーやゼラニウム、ジャスミンといったフローラル系オイルとハッカ油のブレンドもいいでしょう。

※ハッカは長時間香りを漂わせていると身体の負担になる場合があるのでご注意ください。リビングや自室など長い時間過ごす場所よりも、玄関やトイレに置いておくことをおすすめします。

アロマストーンの使い方

アロマストーンにオイルをたらすだけなので一番手軽。ストーンを置いた周囲にさり気なく香ります。火や電気を使わないので、寝る前に枕元に置いても安心です。

＊アロマストーンとは、素焼きでできた石や石膏で作られた市販のアロマディフューザーです。

リードディフューザーの作り方

瓶に細長い木のスティックを数本挿して使うディフューザー。瓶の中身は、無水エタノール9に対してアロマオイル1の割合で作ります（無水エタノール50㎖ならアロマオイル5㎖）。

ハッカは、こんなにさわやか！

- [ ] 暑いときにはハッカ油を帽子の内側にたらしてハッカ帽子を作ると、清涼感を得られる。
- [ ] 汗やよごれを落としたいときは、「ハッカ・ティッシュ」が役に立つ。
- [ ] 乗り物酔いのときは、ハッカ油をたらした「ハッカ・ハンカチ」で深呼吸すると、気分がよくなる。
- [ ] コーヒーフィルタとハッカ油で、乾燥対策になる。加湿器がなくてもさまざまな方法でハッカ加湿が可能。
- [ ] イライラしたり緊張したりしたときは、ハッカ入りの紅茶を飲むと、気持ちがやわらぐ。
- [ ] 眠気覚ましには冷たいハッカ濡れタオル、疲れ目には温かいハッカ蒸しタオルが効果的。
- [ ] 簡単に作れるハッカのバスソルトやハッカ重曹で、バスタイムを楽しむことができる。
- [ ] ハッカ油をほかの香りとブレンドして香りを楽しむことができる。

PART 2

ハッカは、キレイをつくる

ハッカ油は美容面でも大活躍。100%天然成分なので、
安心して使えます。身近な材料を使って、
ハッカ油オリジナルコスメを作ってみましょう。

ハッカで キレイになれるって本当？

天然成分100％の万能オイル・ハッカ油は、安心して使える美容アイテムのひとつ。その証拠に、ずっと昔からスキンクリームやシャンプー、ソープや入浴剤など、さまざまな製品に使われています。

私たちの「キレイ」をつくってくれるのは、ハッカに含まれるメントールです。メントールには、皮膚を刺激して血流を改善してくれる作用があるといわれています。

美容アイテムとしてハッカ油をおすすめする理由は、もうひとつあります。それは、ハッカ油1本で、頭からつま先まで全身のケアができること。

高価な美容液や化粧品、美容アイテムもいいけれど、お財布にはやさしくない……。でもハッカ油でクリームやミストを手作りすれば、リーズナブルにあなただけのオリジナルコスメを手に入れることができます。

作り方や使い方が簡単なのも嬉しいですね。

お風呂上がりに

ハッカのボディクリーム

お肌にうるおいを与えながらハッカの爽快感を楽しめる、
ボディクリームを手作りしましょう。

ハッカのボディクリームの作り方

スーッとするハッカの爽快感を楽しみながら、お肌のケアもできる、ボディクリームを作ってみましょう。

お風呂上がりのマッサージに使えば、うるおいたっぷり&むくみもすっきり。ハッカの香りでリラックスできて、質のいい睡眠を取ることができるでしょう。ハンドクリームとしても使用できます。

BODY CREAM

材料

- **ワセリン …… 20g**
  （薬局やドラッグストアで買えます）
- **ハッカ油 …… 15滴**

用意するもの

- **小さめのクリーム容器**

memo

♣ここではハッカ油の分量を少し少なめに設定しています。分量はそれぞれお好みで調節してみてください。

♣作ったボディクリームは、1ヵ月程度で使い切るようにしてください。

作り方

1 ワセリンはそのままだとハッカ油と混ざりにくいので、少しやわらかくするために湯せんにかけます。鍋にお湯を入れて沸かし、その中にワセリンを入れた容器（保存容器とは別のもの）を入れて少しかき混ぜます。

2 1の中にハッカ油をたらして、よくかき混ぜたら、鍋から容器を取り出し、冷めないうちに保存容器（小さめのクリーム容器など）に移し替える。

気分すっきり

ハッカのシャンプー

ハッカシャンプーは普段お使いのシャンプーに、
ハッカ油を加えるだけで簡単に手作りできます。

ハッカシャンプーの作り方

シャワーをあびてもすぐに汗をかいてしまうような、暑い夏の季節におすすめ。頭皮に爽快感を与えてくれます。

また、メントールには皮脂よごれを落とす作用もあるといわれていますから、頭皮のベタつきや臭いが気になる人もぜひ試してみてください。

手作りのハッカシャンプーは天然成分で、自分好みに調整できますから、市販のトニックシャンプーでは爽快感が強すぎる、または肌に合わないと感じる方にも嬉しいですね。

SHAMPOO

材料

- **シャンプー**
  (匂いの強くない、石鹸シャンプーなどがおすすめ)
- **ハッカ油** …… **1～3滴** (1回分)

作り方

1. 1回分のシャンプーを手のひらに出し、そこにハッカ油を混ぜます。
2. 使っていて気持ちいいと感じる分量がわかったら、シャンプーボトルに直接ハッカ油を入れましょう。

memo

♣1回の分量は多くてもハッカ油3滴に抑えましょう。ハッカ油の割合が多すぎると、頭皮を痛めてしまいます。

♣ボトルにハッカ油を入れてハッカシャンプーを作った場合、1ヵ月程度で使い切るようにしましょう。

肌をクールダウン

ハッカのフェイスパック

ハッカの成分は、毛穴を引き締め、
お肌の血行をよくしてくれます。

ハッカのフェイスパックの作り方

長い時間、太陽の光をあびた日の夜は、ハッカ油で作ったフェイスパックで肌をクールダウンしましょう。

また、メントールには抗菌作用もあるので、オイリー肌でニキビが気になる人にもおすすめです。

FACE PACK

材料

- **ハッカ油** …… **1滴**
- **精製水** …… **20㎖**

用意するもの

- **コットン**
- **ふた付き容器**

memo

♣パックは週に1回程度にしましょう。

♣パックの後は、乳液やクリームを塗って保湿しましょう。

作り方

1. 精製水にハッカ油を入れて、よく混ぜます。水と油で混ざりにくいので、ふた付きの容器などに入れて、よく振るといいでしょう。

2. コットンを1に浸し、軽くしぼってから肌にのせます。10分ほど経ったらパックは捨てましょう。

シュワッと気持ちいい

ハッカの美容液

ひんやりさわやか、お肌に嬉しいハッカの美容液。
ハッカ油の量を自分好みに調整して、オリジナルコスメを作りましょう。

ハッカの美容液の作り方

肌を引き締めてくれるハッカ。ここでは、さらに美容効果を高めるために炭酸水を使った美容液の作り方を紹介します。

炭酸には、血行促進の効果があり、肌のターンオーバーを整えてくれるといわれています。「最近、肌ツヤがなくなったな……」と感じている人や、肌のくすみが気になる人にもおすすめです。シュワッ&スーッとした感覚は、やみつきになってしまうかも。

ESSENCE

材料

- **炭酸水**（無糖のもの）…… **50cc**
- **ハッカ油** …… **10滴**
- **グリセリン** …… **1.5cc**

（ドラッグストアや薬局などで買えます）

作り方

1. グリセリンとハッカ油をよく混ぜます。
2. 1に炭酸水を入れて、さらによく混ぜてガラス瓶に入れましょう。

memo

♣ハッカ油の分量はお好みで調節してください。ただし、入れすぎは肌を痛めますので注意が必要です。

♣作った美容液は1週間以内に使い切るようにしましょう。

化粧崩れを防ぐ

ハッカとコットン

汗をかいたとき、顔のテカりや化粧崩れが気になるときも、
ハッカとコットンだけあれば大丈夫です。

ハッカスプレーとコットンをポーチの中に常備

お化粧は、どんなに入念にしても時間の経過とともに崩れてきてしまいますよね。頻繁に化粧直しができればいいですが、忙しい日常ではなかなかそうもいかないもの。特に夏は汗をかくので、化粧崩れも加速します。

そこで活用してもらいたいのが、ハッカスプレーです（ハッカスプレーの作り方は18ページ参照）。化粧ポーチの中に、ハッカスプレーを入れた小瓶とコットンを入れておきましょう。

「ちょっと顔がギトギトしてきたかも」と思ったら、ハッカスプレーでコットンをひたひたにしてから軽くしぼり、顔を軽くおさえてください。汗がサッとひいていくのを感じられるはずです。

化粧直しの前にも、やってみてください。顔の表面の皮脂やよごれを吸収するとともに肌を引き締めてくれるので、化粧崩れを防げます。

ちなみに、男性や子ども、お化粧をしない人にも、このハッカスプレーコットンはおすすめです。汗ばむ季節の制汗シート代わりに使えますし、さっぱりしたいけれど顔を洗えない状況のときにも役立ちます。

デオドラント効果もある

ハッカのボディミスト

汗をかく季節はもちろんのこと、それ以外の季節にも
ぜひ使ってもらいたいのがハッカ油を使って作るボディミストです。

ハッカのボディミストの作り方

シュッとひと吹きするだけで、さわやかな香りと清涼感が広がります。

お風呂上がりや、スポーツなどで汗をかいた後、シャワーをあびたいけどあびることができないとき、人と会う前のエチケットとして……など、さまざまなシチュエーションで活用してみてください。

また、ハッカに含まれる成分のメントールには抗菌作用があり、背中ニキビを予防する効果も期待できます。お風呂上がりや朝の着替え時に背中に吹き付けて、美しい背中を目指しましょう。

BODY MIST

材料

- 精製水 …… 100㎖
- 無水エタノール …… 10㎖
- ハッカ油 …… 10滴

用意するもの

- 小さめのスプレーボトル

作り方

1. スプレーボトルに無水エタノール入れます。ハッカ油を加えて、よく振って混ぜます。
2. 1に精製水を加えて、さらによく振ったら完成。

手作りで自分仕様に

ハッカの石鹸

手や身体を洗うときにもハッカのさわやかさを楽しみたいという人には、
簡単に作れる石鹸がおすすめです。

ハッカの石鹸の作り方

27ページで紹介した「ハッカのバスソルト」「お風呂にハッカ油+重曹」は、むくんだ身体をすっきりとさせてくれて、美容の面からもおすすめです。さらに本格的にバスタイムを楽しみたい人は、ハッカ油石鹸を手作りしてみましょう。

材料

- **グリセリンソープ…… 100g**
  (ホームセンター、通販などで買えます)
- **ハッカ油 …… 3滴**

用意するもの

- **かき混ぜ棒** (耐熱のもの)
- **ソープの型**
- **耐熱容器**

作り方

1. 耐熱容器にグリセリンソープを入れて、湯せんか電子レンジで加熱して溶かします。電子レンジの場合は500Wで20～30秒程度。様子を見ながら溶かしてください。
2. 1にハッカ油を加えてよく混ぜ合わせ、ソープの型に流し込みます。
3. 2～3時間ほど経って固まったら、型から取り出して、数日風通しのいい場所で乾かします。

memo

♣ 2の手順で水に溶いた食紅を入れれば、カラフルな石鹸ができあがります。

♣ 手作り石鹸はできるだけ早めに使い切るようにしましょう。

足のマッサージに

ハッカのフットバス

足のむくみはつらいだけではなく、下半身太りの原因になることも。
ハッカ油を活用してむくみを軽減しましょう。

足のむくみは重力にしたがって、足に血液やリンパ液が溜まってしまうことで起こるもの。つまり、老廃物が排出されず足に停滞している状態です。

足のむくみチェック

- □ うちくるぶしから指3本分上の部分を押したときに冷たかったり、痛いと感じる。
- □ 靴下を脱いだ後に靴下のあとが残っていてなかなか消えない。

これらに該当する人は、ぜひハッカ油を使ったフットバスでマッサージしてみてください。

フットバスの方法はとっても簡単。

洗面器に、熱すぎない程度のお湯（40～50℃程度）をはり、ハッカ油を1滴たらして、よくかき混ぜましょう。さらに効果を高めたいときには、重曹とクエン酸を大さじ1杯ずつ入れてください。

汗のベタつきを抑える

ハッカのボディパウダー

ハッカ油を使えば、すっきり爽快感を得られる、
新感覚のボディパウダーを作ることもできます。

ハッカのボディパウダーの作り方

スーッとさわやかな肌感覚は、汗のベタつきを抑えてくれますし、消臭作用があるのも嬉しいですよね。また、フェイスパウダーとして使えば、皮脂を抑えて化粧崩れを防いでくれます。

BODY POWDER

材料

- **ハッカ油** …… **綿棒に浸る程度**
- **ベビーパウダー**
(無香料のものがおすすめ)

用意するもの

- **綿棒** …… **1本**
- **綿棒を入れられるサイズの容器**
(瓶や密閉できる容器)

memo

♣ハッカ油は、パウダーをつけるときにふんわり香るくらいが適量です。

♣ベビーパウダーの代わりにコーンスターチを使ってもいいでしょう。コーンスターチは、スーパーや通販などで手に入ります。

作り方

1 綿棒の両側にハッカ油を染み込ませます。

2 容器に綿棒とベビーパウダーを入れて、よく振ります。ベビーパウダーの量は少しずつ調整しましょう。ハッカ油が足りないと思ったら、綿棒にハッカ油を染み込ませたものを追加してください。

Arrange technic

洗顔のとき、泡立てた石鹸や洗顔フォームの泡に少量混ぜて使うと、さっぱり感と引き締め度がアップします。

お手軽オーラルケア

ハッカのマウスウォッシュ

ハッカの持つ抗菌効果が、
お口の中の状態をバランスよく保ってくれます。

ハッカのマウスウォッシュの作り方

口の中がネバネバして不快だったり、「なんだか口臭が気になるなぁ……」と感じたりするのなら、ぜひハッカの手作りマウスウォッシュを。

コップ1杯の水にハッカ油を1滴落とし、お箸などの長い棒でぐるぐる混ぜたら、あっという間にハッカのマウスウォッシュのできあがり。

口に含んでうがいをすれば、さっぱりとした爽快感が得られます。1回分ずつ作るので衛生的で、市販のものに含まれがちなピリピリするアルコールもないので快適です。

ハッカのマウスウォッシュのいいところは、外出先でも手軽にできるところ。

人に会う前や食事をした後など、コップとハッカ油の小瓶があれば化粧室でささっと口をゆすいでリフレッシュできます。歯磨きをする時間がないときでも、ハッカ油がひとつあれば安心です。

口をゆすぐことができない状況の場合は、コップの水にハッカ油を1滴加えてそのまま飲んでもOK。

保湿したいときに

ハッカとはちみつのクリーム

乾燥する季節など、さらにしっとり保湿したいときは、
ハッカ油とはちみつを入れたクリームを作ってみましょう。

ハッカとはちみつのクリームの作り方

33ページで紹介したボディクリームでも十分な保湿&リラックス効果がありますが、このクリームで全身をマッサージすれば、うるうる・つやつや、むくみ知らずのすっきりボディになれるかも。

材料

- **シアバター** …… **10g**
（ドラッグストアなどで買えます）
- **植物油** …… **6㎖**
- **はちみつ** …… **ティースプーン2杯程度**
- **ハッカ油** …… **3〜5滴**

用意するもの

- **耐熱容器**
- **かき混ぜ棒**（耐熱のもの）
- **保存容器**（クリームケースやガラス瓶など）

作り方

1. 耐熱容器にシアバターと植物油、はちみつを入れて電子レンジで1〜2分温めます（湯せんで溶かしてもOK）。
2. シアバターが溶けたことを確認して、よくかき混ぜます。
3. 混ざったらハッカ油を入れて、少し冷めてから保存容器に移して完成です。

memo

- 浴室で濡れた身体に塗ると、クリームの伸びがよくなります。
- はちみつやハッカ油の分量は、お好みで調節してください。ただし、ハッカ油は入れすぎ注意です。

靴の中の臭い対策に

ハッカのサシェ

ハッカの特性を活かして、
消臭＆湿気取り効果に優れたサシェを手作りしましょう。

足の臭い消しにもハッカ油を

靴の臭いだけでなく、自分の足の臭いが気になるときにも、ハッカ油の出番です。

コットンを水で濡らして軽くしぼってハッカ油を数滴たらし、足裏を丁寧に拭いていきます。指の間や指の付け根も念入りに。水分が乾いてから靴下やストッキングを履きます。

1日に数回おこなえば、その都度、足裏の状態がリセットされて効果が長持ちします。

あるいは、ハッカスプレー（18ページ）を直接足の裏にスプレーするのもいいでしょう。

外出先でさっと臭いのケア&リフレッシュができて、不快なムレも緩和されます。

この方法は足だけではなく、脇のケアにもどうぞ。脇に使う場合は、足よりも少しハッカ油の割合を少なめにするのがポイントです。

ハッカのサシェの作り方

ハッカの匂いは、7種ある原臭のひとつと言われています。原臭というのは匂いの分類のことで、味覚でいう五味（甘味・塩味・酸味・苦味・うま味）のようなものです。つまりハッカは匂いの「もと」となるもので、それゆえにどんな匂いにも負けない、強い香りだといえます。

SACHET

材料

- 重曹 …… 60g
- ハッカ油 …… 10～20滴

用意するもの

- お茶パック
- はぎれ
- ひもorリボン
- ビニール袋

memo

♣かわいい柄の布を使えば、シューズラックが華やかになります。

♣ブーツ用のサシェを作る場合は、分量を多めにするといいでしょう。

作り方

1. 重曹にハッカ油をたらしてよく混ぜます。ビニール袋に入れて振ると、ハッカ油が重曹によくなじみます。
2. お茶パックの中に1を詰めます。
3. はぎれで2を包み、ひもかリボンでしばったら完成です。

サシェ＝匂い袋

ハーブや香料が入っていていい香りがするものです。タンスやクローゼットなどに入れて使用します。

ハッカは、キレイをつくる万能アイテム！

- ☐ ボディクリームに混ぜれば、うるおいながらさわやかさを感じられる。マッサージを合わせれば、むくみ解消にもいい。
- ☐ シャンプーに使えば、頭皮がすっきりする。
- ☐ フェイスパックや美容液に使えば、肌がきゅっと引き締まる。化粧崩れの防止にも。
- ☐ 湯船に入れたり、フットバスに使ったり、石鹸を手作りしたりと、ハッカ油はバスタイムを豊かなものにしてくれる。
- ☐ ベビーパウダーにハッカ油を合わせれば、新感覚のボディパウダーができあがる。
- ☐ オーラルケアにも使える。ハッカ水で口をゆすぐと、さわやかな息に。
- ☐ ハッカのデオドラント効果で、イヤな臭いを取り除くことができる。
- ☐ ハッカ油を重曹と合わせてサシェにすれば、消臭効果に加えて脱臭効果も。

PART 3

ハッカは、毎日の習慣に役立つ

ハッカのさわやかな香りは、虫よけや
イヤな臭い対策にも役立ちます。ここでは虫よけスプレーや
お掃除アイテムの作り方と、使い方を紹介します。

ハッカは虫を寄せ付けない!?

虫はハッカの匂いを嫌うと聞きました。本当ですか？

古くからハッカは虫よけの忌避剤代わりに使われていました。キッチンまわりや網戸などにハッカの虫よけスプレー（50ページ参照）をシュッシュッとすれば、蚊やゴキブリといった虫を寄せ付けにくいお部屋をつくることができるでしょう。

蚊やゴキブリのほか、ブユもハッカの匂いを嫌うようです。

また、犬を飼っているご家庭や、小さなお子さんがいるご家庭にもハッカは大活躍。部屋の掃除の際にハッカの虫よけスプレーを使えば、ダニやノミの活動をおさえるといわれています。

Q2

どうして、虫よけには
ハッカの成分が入ってるの？

虫はハッカのスーッとした清涼感が苦手のよう。このスーッとする成分は「メントール」。メントールは数多くの種類のミントに含まれていますが、特に含有量が多いのが和種のハッカなのです。

メントール含有量は、ペパーミントは50～60％であるのに対して、ハッカは65～85％。しっかりした虫よけ効果を期待するなら、メントールをたっぷり含んでいるハッカがいいといわれています。

近年の屋内に生息するダニに対しての研究では、ハッカ油の蒸気がヤケヒョウダニに対して100％の殺ダニ効果と増殖抑制効果があったそう。

また、フタトゲチマダニの幼ダニにも、強い殺ダニ効果があったとされています。

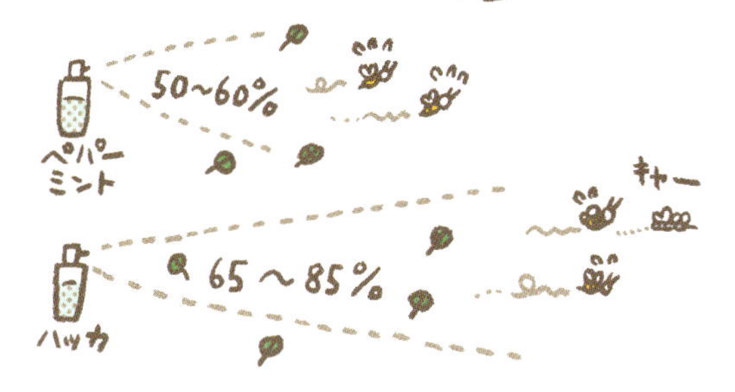

イヤな虫やかゆみを一蹴

スプレーする・塗る

虫よけに役に立つスプレーと、
さされたときのかゆみ止めに使えるバームのレシピを紹介します。

虫よけスプレーの作り方

ベッドやカーペット、網戸、植物と、多用に使える万能選手。ハッカ油のほかに、シトロネラ、レモンユーカリ、レモングラス、ゼラニウムなど、虫よけが期待できる精油をブレンドしてもOK。

SPRAY

材料

- **ハッカ油** …… **40～60滴**
- **無水エタノール** …… **10㎖**
(消毒用エタノールでも可)
- **精製水** …… **90㎖**

用意するもの

- **スプレーボトル**
(ポリプロピレンかポリエチレン製のものを。ガラス製や陶器製でもOK)

作り方

1. スプレーボトルに無水エタノールとハッカ油を入れ、よく振る。
2. 1に精製水を注ぎ入れ、もう一度よく振ってできあがり。

memo

♣精製水ではなく水道水でも可能ですが、なるべく精製水で作ることをおすすめします。

♣分量はあくまで目安です。ハッカ油が多いほど効果は強くなり長持ちしますが、同時に肌への刺激も強くなります。はじめは、まずは少なめの量で試してみて、自分好みの分量に調節しましょう。

♣植物にスプレーする場合、ハッカ油の濃度が濃すぎると葉や茎を痛めることがあります。

かゆみ止め用バームの作り方

蚊にさされてしまったら、このかゆみ止め用バームを塗りましょう。スースーした使い心地がかゆみを遠ざけてくれます。バームは虫よけとしても使えるので、ひとつ作っておくと、とても重宝します。

BALM

材料

- **ハッカ油 …… 5〜6滴**
- **ワセリン …… 10g**

用意するもの

- **ふた付きの保存容器**
（クリームケースなど）

作り方

1. ワセリンにハッカ油を入れ、よく混ぜる。
2. 混ぜたものを保存容器に入れてできあがり。

memo

♣かゆみ止めバームは、作ったらパッチテストをして半日ほど様子を見てから使用してください。かぶれたり赤くなるようならハッカ油の濃度を下げるか、使用を中止してください。

♣虫の種類によっては医療機関による迅速な対処が必要な場合もあります。あくまでもかゆみをやわらげる対処法としてご使用ください。

外出先でもお部屋の虫にも

こんなとき、こう使う！

「虫よけ」という使い方ひとつとっても、ハッカ油で作ったハッカスプレーはあらゆる場所で大活躍してくれるでしょう。

こんなシーンでハッカ油が活躍

キャンプやアウトドアに 全身にまんべんなくスプレーします。肌が出ているところは特に念入りに。蚊やアブ、ブユ、ハチが寄り付きにくくなるといわれています。

部屋のダニ対策に 床やカーペット、ベッドなど、気になるところにスプレー。部屋中がすっきりとした清涼感に包まれて快適に過ごせるようです。

ゴキブリ・ムカデ・アリ対策に 玄関、ベランダ、窓にハッカ油スプレーを多めに散布します。これを毎日繰り返すと、1週間ほどで害虫が寄り付きにくいお部屋になるといわれています。

生ごみのコバエ対策に 生ゴミとキッチンまわりにハッカ油のスプレーをこまめに使いましょう。次第にコバエの出現率が減ってくるそう。

虫さされのかゆみ止めに 蚊にさされたら、ハッカ油のバームをさされた箇所に塗り込みましょう。ひんやり、スースーの感覚がかゆみを忘れさせてくれるでしょう。

アウトドアの必須アイテムとして

キャンプ・登山に持っていこう

虫がいっぱいの山や川に出かけるときは、ハッカスプレーがマストアイテム。
たくさん作って持っていきましょう。

お出かけ前の準備

服装について 蚊やハチは黒い服に寄ってきやすいといわれています。キャンプや登山などのアウトドアには黒い服を避けましょう。

また、ブユは服の上からも噛んできますので、なるべく身体に密着せず、しっかりとした生地の服を選びます。

ハッカバームも忘れずに ハッカ油で作ったバーム（51ページ）は、万が一、虫にさされてしまったときにかゆみ止めになりますし、そのハッカの香りもまた虫よけになります。ポケットに必ずひとつ入れていきましょう。

出かけたとき

スプレーはとにかくこまめに！ ハッカの香りが薄くなってきたら効果が切れかけている証拠。こまめにつけ直します。

草むらや河原に出るときは特に念入りに 草むらや河原には、蚊だけでなくブユもいます。ブユに噛まれると激しいかゆみ＆痛みをともないますので特に避けたい存在です。スプレーを足元にたっぷりと吹き付けましょう。

どんな虫に効果的？

ハッカを嫌うといわれている虫たち

ハッカの臭いを嫌う虫はどんな虫なのでしょうか？
ここではよく知られている虫を中心に紹介します。

蚊 気温25～30℃くらいで活発に活動し、わずかな水場があれば繁殖します。彼らが媒介することで日本脳炎を発症することも。

アブ 一見するとハチに似ていますが、実はハエの仲間。しかしハエとは違い、さして血を吸います。さされるとかゆくなります。

ブユ ブユはさすのではなく噛んで出血させるので、血が出て赤くなっていたらブユの仕業。かゆみは翌日以降から激しくなり、患部は赤く腫れ上がります。

ハチ 特に危険なのはスズメバチ。さされると患部が真っ赤になってパンパンに腫れ上がります。アナフィラキシーショックで死につながることもあるので最大限の注意を！

ダニ イエダニはベッドに潜み、お腹や二の腕、太ももといった柔らかい箇所を噛みます。噛まれるとすぐに（人によっては1～2日後に）かゆくなります。

ゴキブリ 不快害虫の代表格。部屋の中を素早い動きで這いまわるため非常に嫌われています。雑食性で、落ちた髪の毛やほこりなど、とにかくなんでも食べます。

コバエ 窓やドアの隙間から侵入し、生ゴミをなどの腐敗臭を出すものに卵を産みつけていきます。夏場は大量発生することも。

好きな香りとブレンド

ハッカと組み合わせると効果的な成分は？

ハッカ油にさまざまな精油をブレンドして、
オリジナルの虫よけハッカスプレーを手作りしてみましょう。

精油をブレンドして虫よけスプレーを作る

ほかの精油にも虫たちの嫌がるとされるものがあります。シトロネラ、レモンユーカリ、レモングラス、ゼラニウムなどの精油がその代表例。

これらはいずれも虫よけとして優秀です。ハッカに含まれるメントールの清涼感に加え、シトラスの香りやローズに似た香りをブレンドして、自分好みのオリジナル虫よけを作ってみるのもいいですね。

ブレンドしたハッカ油+精油の虫よけスプレーは、50ページで紹介したスプレーと同じようにスプレーボトルに入れ、自分の身体やお部屋の中など虫よけしたい場所にシュッシュッと吹きつけましょう。

好きな匂いで作ることができるので、「市販の虫よけスプレーの匂いは苦手」という方にもうってつけです。

使用前に確認

虫よけにする場合、注意すること

ハッカ油を虫よけとして使うときに気を付けるべきことをまとめました。
これらを頭に入れつつ、ハッカの虫よけを活用しましょう。

用法・容量をきちんと守る

ハッカ油は食品添加物として認可されているものもあるほど安全が確認されていますが、極端な使い方は身体に毒です。ハッカ油の原液を皮膚に直接つけると刺激が強すぎてヒリヒリしますし、高濃度のスプレーを植物にかけると葉をいためる恐れもあります。

ハッカスプレーの虫よけ効果は長くて1～2時間

ディートという有効成分が含まれた市販の虫よけスプレーは、一度使用すると効果は6～10時間ほど持続するといわれています。それに対して手作りのハッカスプレーは長くて1～2時間。夏場で汗をかきやすい環境や、水を頻繁に使用する状況の場合、ハッカの成分が流れやすくなるため、さらに短くなることもありえます。

とにかく「こまめなつけ直し」が大切。ハッカの香りが弱まってきたら効き目が落ちてきた証拠ですので、再度たっぷりと吹き付けましょう。

COLUMN

精油の取り扱いについて

猫がいる家では使わない

植物から抽出された精油は、すべての動物に安全というわけではありません。動物は毒性のある物質を「グルクロン酸抱合」と呼ばれるはたらきで代謝していますが、完全な肉食動物として位置づけられている猫などは、雑食の犬とは異なり、肉食にあった肝機能が残り、植物に対する機能が退化していったと考えられます。

猫は草やキャベツを食べたりしているから大丈夫と考えがちですが、数百〜数千倍まで濃縮された植物の精油です。これまでに精油を舐めた猫が死亡したり、毎日精油を焚いた部屋で飼っていた猫の肝臓の数値が非常に高かったといった報告例もあるほどです。

妊娠・授乳中の方、乳幼児、高齢の方はできるだけ使用を控える

ハッカ油の成分であるメントンをはじめとするケトン類は流産や神経毒性を引き起こす作用があるとされています。念のため妊娠・授乳中の方や、乳幼児やお年寄りなど身体の抵抗力の弱い方は使用を控えること。

ハッカのいい香りを活かす

掃除するとき

いつものお掃除にハッカをプラスすれば、さわやかな
香りに包まれながら、さらに楽しく「きれい」を保てます。

掃除機にハッカの香りを

重曹にハッカ油を数滴染み込ませた「ハッカ重曹」を床に撒いて、掃除機で吸わせましょう。重曹の消臭効果とハッカの抗菌作用で、掃除機内の雑菌の繁殖とイヤな臭いを抑えてくれます。掃除機をかける前に、毎回ハッカ重曹を吸わせる習慣をつければさらに効果的。

雑巾でハッカ水拭き

床をさっぱりと清潔に保つならハッカ水拭きがおすすめです。用意は簡単。水の入ったバケツにハッカ油を数滴たらして混ぜるだけ。このハッカ水で雑巾を濡らし、床や畳をどんどん拭いていきましょう。

これで足裏の皮脂によるベタつきを取り去りながら、足裏からの雑菌に対する抗菌作用が期待できます。同時にハッカの消臭効果で、焼き肉をした後などのガンコな臭いの緩和ができます。

ハッカ重曹はカーペットの掃除と相性バツグン！

ハッカ重曹はカーペットのお掃除にも使えます。ハッカ油を数滴染み込ませた重曹をカーペット全体に撒き、しばらく時間をおいてから掃除機で吸い取ります。重曹は掃除する前日の夜に撒いておくと効果的ですが、掃除機をかける2～3時間前でも大丈夫。

よごれがひどいときは

なかなかよごれが取れないときは、上記のハッカ水に少しだけ洗剤を混ぜて使います。その場合は後で洗剤の入っていないハッカ水で二度拭きして仕上げてください。

足元の不快なベタつきとほこりっぽさがなくなってさっぱりとし、そこに透明感のあるさわやかな香りがスッと香る……。想像しただけで心がちょっとウキウキしませんか？

こまめにハッカ水拭きをすることでお部屋に虫が寄り付きにくくなるそうです。特にシンクまわりや網戸の下などは、ゴキブリやアリが歩きやすい場所ですので念入りに。さらにしっかりと虫よけをしたいときはハッカスプレーとハッカ水拭きを併用してください。

雑巾を使い終わったら、次に使うときのために漂白剤につけて殺菌するのを忘れずに！

生ゴミ・トイレ・汚物など

イヤな臭い対策に

ハッカ油ひとつあれば、市販の消臭剤・芳香剤がなくてもキッチンやトイレのイヤな臭いをおさえることができます。

ゴミのイヤな臭いに

生ゴミのイヤな臭いにもハッカ重曹が役立ちます。まず、ゴミ箱やゴミ袋の下にハッカ重曹を撒きます。可能であれば新聞紙を一番下に敷いてからハッカ重曹を撒きましょう。腐敗を促進させる水分を新聞紙で吸わせることができ、重曹が湿気取りになります。

そしてキッチンにはハッカ重曹の入った瓶を置き、ゴミ箱を開け閉めするときやキッチンに立ち寄った際にササッとふりかけます。重曹とハッカ、ダブルの効果で天然の芳香消臭剤になり、臭いのもとになる雑菌の繁殖をおさえてくれます。

ふりかける目安は1日3～4回。気温が高く、腐敗が進みがちな夏場はもっと多くてもいいかもしれません。

ハッカ重曹の使用に加え、生ゴミを捨てる際には、可能な限り水を切ってから捨てたり、ビニール袋に入れて口を結んでから捨てるといった工夫をすると、よりイヤな臭い対策に効果的です。

赤ちゃんのオムツの臭いにも

ハッカ重曹をオムツのゴミ箱に撒くことで中和され、臭いがおさえられます。面倒でなければ、使用済みオムツに直接ふりかけてから捨てれば効果UPです。

トイレにもハッカ油が効果的

便器の内側や便座の裏側にこびりつく頑固な茶色いよごれ、「尿石」。この頑固な尿石よごれをノックアウトしつついい香りも楽しめる、トイレ掃除用ハッカスプレーを作ってみましょう。イヤな臭いがこもりがちなトイレには、ハッカのスーッとしたさわやかな香りがぴったりです。

トイレ掃除用ハッカスプレーの作り方

ゴム手袋をはめて、尿石ができているところにトイレットペーパーを貼り、その上にたっぷりとスプレーしましょう。

30分〜1時間ほど時間を置いてから水で流し、その後ブラシを使ってこすり落とします。

このスプレーは便器の中だけではなく、便座や床のよごれ、トイレタンクの水垢にも使えます。よごれにシュッとひと吹きして、雑巾やスポンジで拭き取りましょう。

最後に、ハッカの芳香剤（92ページ）を置けば、さわやかな香りに包まれた清潔なトイレの完成です。

材料

- ハッカ油 …… 20滴
- 無水エタノール …… 10mℓ
- 精製水 …… 90mℓ
- クエン酸 …… 小さじ1

用意するもの

- スプレーボトル

作り方

1. スプレーボトルに無水エタノールとハッカ油を入れ、振る。
2. そこに精製水とクエン酸を入れて、さらによく振る。

ハッカは、毎日の習慣に役立つ！

- [ ] 虫はハッカに含まれているメントールが苦手のよう。

- [ ] ハッカスプレーの持続時間は長くて1〜2時間。ハッカの香りが薄くなってきたらその都度つけ直す。

- [ ] ハッカを嫌うとされている虫は、蚊、アブ、ブユ、ハチ、ダニ、ゴキブリ、コバエなど。

  - **蚊、アブ、ブユ、ハチ対策** …… 身体にスプレーしておくと寄り付きにくくなる。網戸に吹き付けてもよい。
  - **ダニ対策** …… ベッドやカーペットにスプレーすることでダニ対策に。
  - **ゴキブリ、アリ対策** …… 侵入経路やキッチンまわりにスプレーし、拭き取る。これを1週間ほど続ける
  - **コバエ対策** …… 生ゴミにこまめにスプレーする。

- [ ] ワセリン10gにハッカ油5〜6滴を混ぜ込んだバームは虫さされのかゆみ止めになるほか、虫よけ効果が期待できる。

- [ ] 猫を飼っている家では精油を控える。

- [ ] 妊娠・授乳中の方、乳幼児、高齢の方、身体の弱い方はできるだけ使用を控える。

PART 4

ハッカは、身体をいたわってくれる

大昔から世界各国で薬として活躍してきたハッカ。

「ちょっと調子が悪いな」と思ったとき、

ここで紹介するハッカ油の活用術を試してみてください。

ハッカはどうして健康にいいの？

「ハッカは健康にいい」と聞いても、いまひとつピンとこないかもしれません。でも実は世界中で活用されてきた、優れた生薬なのです。

ではハッカに含まれるどんな成分が健康にいいのでしょうか。

ひとつは「メントール」です。メントールは胃腸の調子を整えるはたらきがあると考えられており、胃痛や消化不良、二日酔いに役立つことが期待されています。また、筋肉痛や肩こりの痛みをやわらげる目的でも使用されます。さらに、スペアミントに含まれる「カルボン」という成分も消化液の分泌を促して胃を健康に保ってくれる、といわれています。

もうひとつ、ハッカに含まれる「リモネン」という成分も優れもの。これは柑橘系の皮の部分によく含まれている成分なのですが、リラックスを促して神経を落ち着かせてくれると考えられ、さまざまな飲み薬、塗り薬、湿布などに使用されています。

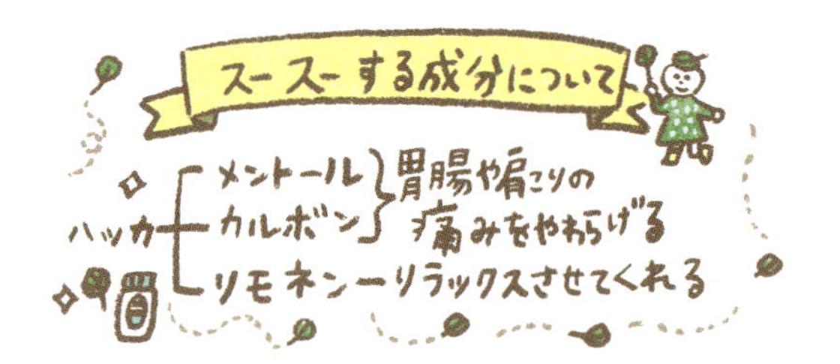

さまざまなシーンで使える

健康アイテム・ハッカ水

天然成分で身体に優しいハッカ油で、
飲んだり塗ったりして使えるハッカの健康アイテムを作りましょう。

ハッカ水の作り方

鼻や喉がつらいとき、頭痛や肩こり、ちょっとした身体の不調を感じたときに使えるハッカ水。新しい常備薬として作り置きしましょう。

PEPPERMINT WATER

材料

- **ハッカ油** …… **1滴**
- **精製水または水道水** …… **200㎖**

用意するもの

- **ふた付きの容器**

作り方

1. 容器に精製水を入れてハッカ油を加えてよく混ぜる。

memo

♣少し混ざりにくいので、ふた付きの容器に入れてシェイクしてください。

♣1週間くらいで使い切りましょう。

♣化粧ポーチに入るサイズの小瓶に入れておくと、持ち運びに便利です。

喉がイガイガするとき

ハッカ水でうがい

喉がイガイガするときはハッカ水でうがいすると、
すっきりできます。

うがいのしかた

65ページで作ったハッカ水をよく振ってから少量ずつ口に含み、数回に分けてうがいをします。

最初は口の中の付着物を取るイメージで強めにうがい。その後2～3回ほど、喉の奥までハッカ水が届くように上を向いて10～15秒ほどうがいをしましょう。

※刺激が強いと感じる場合もあるので、ハッカ水を一度に口に含みすぎないようにしてください。「ちょっと濃いかな」と感じた場合は、薄めて使用しましょう。

メントールには抗菌・抗ウイルス作用があるといわれていますから、風邪の予防にもなると考えられます。

自然素材のハッカ水はとってもおすすめ。ハッカ油は食品として摂取できるものなので、飲み込んでしまっても安心です。
市販品を買ってくるより、安価にうがい薬を作れる点も嬉しいですね。

食欲がないとき

コップ1杯のハッカ水

夏バテで食欲が出ないときや、
飲みすぎ・食べすぎで胃腸が弱ってしまったときに

お腹がすっきりしないときには

ストレスが多くて食欲が出ないときには、コップ1杯のハッカ水を飲んでみてください。喉とお腹がスーッとして、身体の内側から清涼感を得ることができます。

また、ガスが溜まってお腹が張っているときにも、コップ1杯のハッカ水を試してみてください。お腹のハリにはストレッチやウォーキングなど、身体を動かすことも効果的ですので、ハッカ水を飲んだ後にストレッチをすると、もっとすっきりするでしょう。

ハッカ水をそのまま飲むことに抵抗を感じる人は、紅茶や緑茶にハッカ油を少量混ぜて飲んでみてください。飲み物だけでなく、ハッカ入りの料理やお菓子もおすすめです。(レシピは79-89ページ参照)。

お腹の不調には

ハッカ湿布

外側からお腹の不調を改善したいときは、
ハッカ油で作る温かい「ハッカ湿布」がおすすめです。

ハッカ湿布の作り方

ハッカ水のほかに「ハッカ湿布」を用意しておくといいでしょう。お腹にガスが溜まって苦しいときや、便秘気味のときにこの湿布をお腹に当てて、マッサージをしましょう。とても簡単に作れる、じんわり温かいハッカ湿布、ぜひ試してみてください。

POULTICE

用意するもの

- **ハッカ油**
- **40℃程度のお湯**
- **手ぬぐい**（薄手のタオルでも可）

作り方

1. 洗面器に40℃程度のお湯をはり、ハッカ油を2～3滴たらしてよく混ぜます。

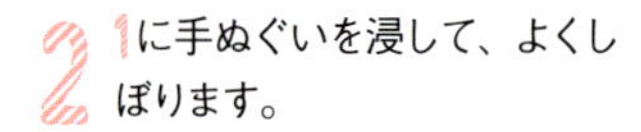

2. 1に手ぬぐいを浸して、よくしぼります。

ハッカ湿布の使い方

直接患部に当てて使用します。おへその下あたりに当てて、ハッカ湿布が冷めるまでじっと待ちましょう。はじめはじんわり温かく、次第にタオルが冷めてくるとスーッとしてきます。少し刺激が強いな、と思ったら作り方の1で入れるハッカ油の分量を減らしてみてください。

鼻づまりがつらいとき
ハッカマスク

鼻水・鼻づまりはつらいもの。市販のマスクを使うときには、ハッカ水を染み込ませるハッカマスクを試してみませんか？

ハッカマスクの作り方

ガーゼマスクの場合 ガーゼ素材のマスクの場合、内側（自分の口と接触する側）にハッカ水を染み込ませて軽くしぼったガーゼを挟みましょう。

不織布マスクの場合 ハッカ水をスプレーボトルに移し替えて吹きかけましょう。ガーゼマスクに比べて乾くのが早いので、マメにスプレーするのがポイントです。

※ハッカマスクは子どもも使用できますが、刺激を感じてむせてしまう可能性も……。その場合は、ハンカチやタオルなどにごく少量のハッカ水をスプレーで吹き付けて嗅がせてあげましょう。

「ハッカマスクでも鼻がすっきりしない！」というときは、カップなどに熱湯を入れてハッカ油を数滴たらし、その湯気を鼻から吸引してみてください。鼻腔内を加湿してくれるとともに、鼻がスーッと通るのを感じられるはずです。

風邪をひいたら

アロマ加湿器にハッカ油

風邪をひいて、喉が痛い。咳や鼻水が止まらない。
そんなときは、加湿器にハッカ油を入れましょう。

アロマ加湿器を使う方法

部屋中にさわやかな香りが広がって心地よく眠れるでしょう。部屋がうるおって喉の痛みや鼻づまりがやわらぎます。

ただし、ハッカ油を普通の加湿器に入れるとカビが生える原因となるので、必ずアロマスペースが付いた「アロマ加湿器」を使用してください。

※使用量や使用方法はお使いの機種の説明書にしたがってください。

加湿器がない場合

加湿器がなくても、お手軽&簡単にハッカの香りで加湿できます。

ハッカ油を適量混ぜたぬるま湯にタオルを浸し、軽くしぼってハンガーにかけておきましょう。

お部屋の広さにもよりますが、数枚かけておくと湿度が保てます。

花粉症でつらいとき

ハッカ・ハンカチ

春の訪れは、花粉症の人にとってはユウウツなもの。
あまり薬には頼りたくないという人も多いかもしれません。

ハッカ・ハンカチで花粉症対策

鼻炎薬を服用すると眠くなってしまうこともあり、できることなら頭がぼーっとしたり眠くなったりするのは避けたいですよね。

くしゃみが止まらないときや、鼻づまりで苦しいとき、目のかゆみがあるときに、ハッカ・ハンカチを鼻から口のあたりに当てて、鼻呼吸をしましょう。鼻から目にかけて爽快感が広がります。

ハッカ・ハンカチの作り方

ハッカ・ハンカチの作り方はとっても簡単。洗いたてのハンカチに、ハッカ水をひと吹きするだけです。

バッグの中でほかのものにハッカの匂いがうつるのが気になる人は、ジップロックの中に入れて持ち歩くか、ハッカ水スプレーも一緒に持ち歩いて、使う寸前にシュッとしましょう。

花粉症の症状がつらいときは、ハッカ・ハンカチと合わせて、79ページからのハッカのレモンティーやミントを使用した料理なども試してみるといいかもしれません。

※ハッカ水を直接目や鼻の中にスプレーしないように気をつけてください。

肩こりには

湿布代わりにハッカ水

マッサージをしても肩こりが緩和されない。市販の湿布薬は刺激が強くて苦手。
そんな人は、ハッカ水を使ってみましょう。

こっている部分にハッカ水をスプレー

ハッカに含まれるメントールは市販の湿布薬にも使われていますが、65ページのハッカ油と精製水だけで作ったハッカ水なら、より安心して使うことができます。

使い方はとってもシンプル。こっている部分（指で押して気持ちいいと感じる部分）に、ハッカ水をスプレー容器に移し替え、スプレーするだけです。メントールの冷感作用によって、腫れや痛みがやわらぎます。

少し物足りなさを感じる人は、68ページで紹介した「ハッカ湿布 」を試してみてください。

ハッカ水を染み込ませた温かい手ぬぐいを肩や首筋にのせると、温熱とメントールの相乗効果で筋肉がほぐれます。

※使用前に少量を皮膚につけて、異常がないか試してみてからご使用ください。

疲れているとき

ハッカ油風呂

疲れたときは、温かいお湯にハッカ油を入れて、
身体をゆっくり温め、疲れを落としましょう。

ハッカ油風呂の入り方

お湯をはった浴槽にハッカ油を3〜5滴ほどたらし、かき混ぜます。「お湯」と「油」は混ざりにくいので、市販の入浴剤を入れたときよりも、念入りにかき混ぜるようにしてください。

入れすぎると、メントールの効果で寒く感じてしまったり、肌がひりついてしまったりするので注意。

湯船につからない「シャワー派」の人は洗面器にハッカ油を2〜3滴たらし、よくかき混ぜて、身体にかけましょう。市販の入浴剤よりも手頃で、浴槽も痛めません。

また、疲労回復に欠かせないのが「質のいい睡眠」です。ここでも、ハッカ油は大活躍してくれます。

枕カバーに数回ハッカ水をスプレーしてください。ハッカの香りが緊張感をほぐし、深く眠ることができるでしょう。

頭が痛いときは

ハッカで頭皮マッサージ

頭が痛い、でも鎮痛剤は胃が痛くなったり、眠くなったりする……。
そんなときは、ハッカ水を使って頭皮をマッサージしましょう。

頭皮マッサージのやり方

1 ハッカ水を適量手に取り、両手の指を開いた状態で、指の腹の部分で頭全体を、円を描くようにマッサージする。

2 親指でこめかみを指圧。同時に、ほかの指で生え際から頭頂部にかけて押す。

3 指先で頭皮をつまむようにして、頭全体をトントン叩く。

外出先での頭痛には

頭痛持ちの人は、携帯用の小瓶にハッカ水を入れておくことをおすすめします。

仕事や家事の間や、移動中に頭痛がおそってきたら、ハッカ水をこめかみに塗って、軽くマッサージしてみてください。首や肩の緊張が肩こりを引き起こしていることもありますので、こめかみだけではなく首筋や肩にもつけるといいでしょう。

口内炎ができたら

ハッカ水を口にふくむ

できてしまった口内炎を早く治すには口の中を清潔に保つのが一番、
そのためにハッカ水を試してみましょう。

口内炎にもハッカ水が効果的

舌、歯茎、頬の内側……さまざまなところに、突然出現する口内炎。そこにあるだけでわずらわしいし、できた場所によっては食べ物を口にするたびに痛い。放っておけば治るとは思いつつも、気になってしまいます。そんなときは、65ページのハッカ水を活用してみてください。

ハッカ水でうがい

ハッカ水を口にふくみ、口の中全体を洗うようなイメージでうがいをしましょう。

お口のよごれは口内炎のもと。口の中の細菌は、うがい後、2〜3時間ほどでうがい前の状態に戻ってしまうといわれています。常に口の中を清潔な状態に保っておくために、1日7〜8回のうがいを心がけましょう。

口内炎ができたときに限らず、日常的にハッカ水でうがいをすることで、口臭対策、風邪の予防にもなります。

ハッカ水のうがいだけではなく、毎食後と寝る前の念入りな歯磨きや、禁煙、バランスのいい食生活を心がけて、口内炎を治癒・予防しましょう。

※しばらく試して口内炎が治らない場合や、すぐに再発する場合は医師による診断を受けましょう。

ハッカは、
身体に元気をくれる！

- [ ] ハッカに含まれる「メントール」には、
胃腸を整えるはたらきがある。
- [ ] 「メントール」には湿布薬などにも使われているように
冷感作用がある。
- [ ] ハッカ水でうがいをすることで口腔内が清潔になり、
口内炎や風邪の予防になる。
- [ ] ハッカ水でハッカマスクを作れば呼吸しやすくなるので、
風邪や花粉症でつらいときにはおすすめ。
- [ ] カップに入れた熱湯や加湿器などを使って、
ハッカの蒸気を吸い込めば喉や鼻がスッとして楽になる。
- [ ] 温かいお湯にハッカ油を入れたハッカ風呂には、
疲労回復効果が期待できる。
- [ ] 頭痛のときは、ハッカ水でマッサージをしたり、
こめかみに塗ったりするとGOOD。

PART 5

ハッカは、料理にも使える

ハッカ油は、嗅いだり塗ったりスプレーしたりするだけではなく、
お料理にも使えます。リラックス効果や
食欲不振の改善に、ぜひ活用してみてください。

ハッカ油は料理にも使える！

94ページのハッカ油は天然成分を使用しており、食品添加物の許可を受けているので、食べたり飲んだりすることができます（ただし、適切な分量で）。

ハッカに含まれるメントールの香りは、味覚や嗅覚を刺激して食欲不振を改善してくれますし、食べすぎや飲みすぎで胃腸の調子が悪いときには、そのはたらきを助けてくれます。

またスーッとする香りは、眠気覚ましやリラックス効果、集中力を高めたいときに最適です。

お茶にほんの少しだけハッカ油を入れてティータイムを楽しめば、その後の時間は充実したものになるでしょう。

お菓子作りを彩るアイテムとしても、ハッカ油はおすすめです。いつもとちょっと違ったお菓子を作りたいとき。甘いものが苦手な人に食べてもらいたいとき。夏にぴったりの涼しげなお菓子を作りたいとき。ハッカ油を使えばレパートリーが広がります。

リラックス・ティータイムを楽しもう

ハッカの紅茶＆クッキー

普段飲んだり食べたりしているものに、ほんの少しのハッカ油を加えるだけで、いつもと違った風味を味わえます。

ハッカのレモンティー

TEA WITH LEMON

材料（1人分）

- お湯 …… 160mℓ
- ティーバッグ …… 1袋
- はちみつ …… 小さじ1杯
- レモンの輪切り …… 1枚
- ハッカようじ …… 1本

memo

♣ハッカようじの作り方：
ハッカ油をつまようじの先に浸して完成！94ページの「ハッカようじ」もおすすめです。

作り方

1. 沸騰させたお湯をカップに注ぎ、ティーバッグを入れ、紅茶を作る。
2. はちみつを加え、ハッカようじでかき混ぜる。
3. 最後にレモンの輪切りを飾って完成！

ハッカのフルーツティー

TEA WITH FRUIT

材料（2人分）

- **お湯 …… 100㎖**
- **紅茶葉 …… 8g**
- **お好みのフルーツ …… 適量**
- **ハッカようじ …… 1本**
- **氷 …… 適量**

memo

♣使用するフルーツはお好みで。パイナップル、マンゴー、りんご、グレープフルーツがおすすめ。

作り方

1. お好みのフルーツをサイコロ大にカットし、冷蔵庫で凍らせる。
2. ティーポットに紅茶葉を入れる。
3. 沸騰させた湯を2に注ぎ、5〜7分抽出する。
4. 1をグラスに半分入れ、3を注ぐ。
5. グラスいっぱいに氷を入れ最後にハッカようじでかき混ぜて完成！

ハッカのクッキー

COOKIE

材料（30〜40個分）

- **薄力粉** …… **200g**
- **無塩バター** …… **100g**
- **砂糖** …… **80g**
- **卵** …… **1個**
- **ハッカ油** …… **1滴**

memo

♣ミントの葉を刻んで生地に混ぜたり、葉っぱをクッキーの上にのせて焼けば、よりミントの風味を楽しめます。

＊ハッカのお菓子をもっと楽しみたい人には、95ページの「MenBis（メンビス）」もおすすめです。

作り方

1. 室温にもどした無塩バターに砂糖を加え、泡立て器でよく混ぜる。
2. 1に卵を2〜3回に分けて混ぜ、ふるった薄力粉とハッカ油を加えて粉っぽさがなくなるまで木べらでざっくりと混ぜる。混ざったらひとかたまりにし、ラップに包んで冷蔵庫で30分くらい休ませる。
3. 2の生地を3mmくらいにめん棒で伸ばし、お好みのクッキー型で抜く。
4. 180℃に予熱したオーブンの上段で15分焼いたら完成！

子どもと一緒に楽しめる

ハッカのジュース＆スイーツ

来客をおもてなししたいとき、子どもとおやつタイムを楽しみたいとき、
いつもと違うティータイムを楽しみたいときにどうぞ。

冷たいハッカ緑茶

GREEN TEA

材料（1人分）

- **お湯** …… **100cc**
- **氷** …… **適量**
- **緑茶** …… **小さじ1～2杯**
- **ハッカようじ** …… **1本**

作り方

1. 急須に緑茶の葉を入れ、お湯を注ぎ、濃いめのお茶をつくる。
2. グラスいっぱいに氷を入れる。
3. 2に1を注ぐ。
4. ハッカようじでかき混ぜたら完成！

ハッカ入りジンジャードリンク

GINGER

材料（6〜7杯分）

- 水 …… 100cc
- 生姜すりおろし …… 50g
- はちみつ …… 大さじ４杯
- レモン汁 …… 20cc
- 炭酸水 …… 70cc
- ハッカようじ …… １本

memo

♣生姜とはちみつのほかに、シナモン・クローブ・ナツメグを入れれば、大人向けのジンジャードリンクのできあがり。仕上げにミントの葉を飾っても素敵です。

作り方

1. 小鍋に水、生姜すりおろし、はちみつを入れて、沸騰したら弱火にして10分煮詰める。
2. 粗熱が取れたらレモン汁を加え、冷蔵庫で冷やす。
3. 2を大さじ1杯程度グラスに注ぎ、炭酸水で割る。
4. ハッカようじでかき混ぜたら完成！

ハッカゼリー

JELLY

材料（5個分）

- 水 …… 500cc
- 砂糖 …… 50g
- ハッカ油 …… 1滴
- レモン汁 …… 大さじ1
- 粉寒天 …… 4g
- ミントの葉 …… 適量

作り方

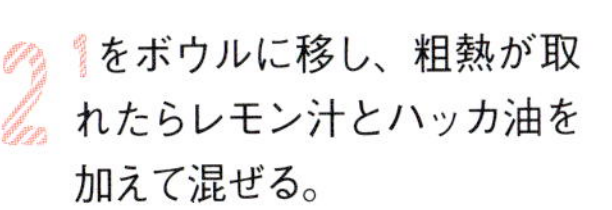

1. 鍋に粉寒天と水を入れて火にかける。完全に寒天が溶けたら、砂糖を加えて煮溶かす。
2. 1をボウルに移し、粗熱が取れたらレモン汁とハッカ油を加えて混ぜる。
3. 器に流し入れ、冷蔵庫で冷やし固める。仕上げにミントの葉を飾って完成！

ハッカとチョコのアイスクリーム

ICE CREAM

材料（ディッシャー6個分）

- 生クリーム …… 200cc
- 卵 …… 1個
- 砂糖 …… 大さじ2杯
- バニラエッセンス …… 1～2滴
- ハッカ油 …… 1滴
- チョコチップ …… 30g
- 氷水 …… 適量

作り方

1. 生クリーム、卵、砂糖、バニラエッセンス、ハッカ油をボウルに入れ、氷水をあて、泡立て器でとろりとスジが残るくらい混ぜる。
2. 1にチョコチップを加え、容器に入れて冷凍庫へ。
3. 2時間ほど冷やしたら、一度取り出してよくかき混ぜる。
4. さらに冷凍庫に入れて冷やし、固まったら完成！

ハッカの水羊羹

SOFT ADZUKI-BEAN JELLY

材料（6人分）

- **こしあん** …… 300g
- **粉寒天** …… 2g
- **水** …… 300g
- **塩** …… 少々
- **ハッカ油** …… 1滴

memo

♣北海道北見市の銘菓・薄荷羊羹をおうちでも作ってみましょう。苦いお茶と一緒に召し上がれ。

作り方

1. 水に粉寒天を入れて火にかけ、溶けるまで2分ほど煮る。
2. 1に、こしあんと塩を加えて、ヘラでよく混ぜる。
3. 火を止めて、2にハッカ油を加えて混ぜる。
4. 容器に移して冷蔵庫に入れ、固まったら完成！

ハッカとチョコのメレンゲ

MERINGUE

材料（40個分）

- **卵白** …… **1 個分**
- **粉糖** …… **35g**
- **板チョコ** …… **2 かけ**
- **ハッカようじ** …… **1 本**

memo

♣ミント色のメレンゲにしたい場合は、青と緑の食用色素を水で溶いて2に混ぜましょう。

作り方

1 卵を常温にもどしておく。

2 卵白に粉糖を加え、ハッカようじでかき混ぜ、ツノが立つまで泡立て、メレンゲを作る。

3 2に細かく刻んだ板チョコを混ぜ、しぼり袋に入れて雫型にしぼり出す。オーブンを100度に予熱する。

4 100度のオーブン中段で80分焼いたら、完成！

お料理をハッカのさわやかな香りで彩る

定番料理をハッカで味つけ

飲み物やお菓子だけでなく、ハッカ油はお料理にも使えるんです。
スーッとさわやかな味わいが、やみつきになるかも!?

ハッカの冷製スープ

SOUP

材料（1人分）

- きゅうり……1本
- プレーンヨーグルト……60g
- 水……1カップ
- おろしにんにく……1/4かけ
- レモン汁……少々
- 塩……少々
- オリーブオイル……少々
- ハッカ油……1滴

作り方

1. きゅうりをみじん切りにする。
2. ボウルにプレーンヨーグルト、水、おろしにんにく、レモン汁、塩、ハッカ油を入れて混ぜ合わせる。
3. 2に1を加えて器に盛り、オリーブオイルを回しかけて完成！

ハッカソース

材料（10人分）

- にんにく……1かけ
- レモン汁……2個分
- オリーブオイル……大さじ2
- はちみつ……大さじ2
- 塩……小さじ1
- ハッカ油……1滴

作り方

1. にんにくをみじん切りにする。
2. ボウルにレモン汁、オリーブオイル、はちみつ、塩、1のにんにく、ハッカ油を入れて混ぜ合わせて完成！

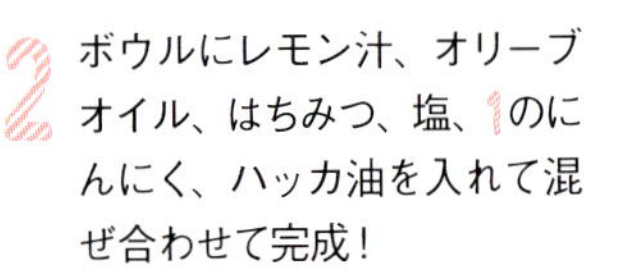

memo

♣肉料理のソースや、サラダのドレッシングに使えます。

STILL HAVE WAYS TO

まだまだある ハッカ油活用術

切り花を長持ちさせる方法

水で濡らしたキッチンペーパーやコットンに
ハッカ油を1〜2滴たらして、切り口にしばらくあてておきましょう。
水をよく吸うことができ、切り花が長持ちします。

洋服やバッグの防虫、防カビ予防に

タンスやクローゼットにしまったままの衣類やバッグは、
虫食いやカビくささの原因になりがちです。
ときどき出して陰干ししてあげましょう。
その際、ハッカ油で作ったハッカスプレーをシュッとひと吹きすると、
防虫・防カビ効果が期待できます。古着屋などで購入した、
ちょっとカビくさい臭いが気になる洋服やバッグなどにも。

※プラスチックその他樹脂、皮革類では、
付着すると色落ち、変色する場合がありますので、ご注意ください。

洗濯物の生乾きの臭いが気になったら❶

梅雨の時期、おひさまの下で洗濯物を干せなくて
部屋の中にイヤな臭いが充満……。そんなときは、
市販の柔軟剤の代わりにハッカ油を使ってみましょう。

すすぎが終わった後の洗濯機に、水40～50ℓに対して
重曹を90～100g程度、ハッカ油を3～4滴入れるだけ。
いつものふんわりとした仕上がりはそのままに、
ハッカのさわやかな香りが洗濯を楽しいものにしてくれます。

※重曹を使用できない洗濯機もありますので、取扱説明書などでご確認ください。
色ものやデリケートな素材には使用をお控えください。

洗濯物の生乾きの臭いが気になったら❷

生乾きの洗濯物のほかにも、重曹を使えない素材の場合や、
コートなど臭いが気になるけど洗えない衣類をなんとかしたいときは、
ハッカスプレー（18ページ参照）を使ってアイロンがけをしましょう。
市販のアイロンスプレーと同じように、ハッカスプレーを噴射してから
アイロンをかけるだけ。さわやかな香りがふんわり広がります。

※アイロン本体に直接ハッカ油やハッカ水を入れるのは避けましょう。

リネンウォーターとして使用する

ハッカスプレーはリネンウォーターとしても使用できます。
ベッドカバー、枕カバー、シーツ、クッション、ソファー（布製）などに
シュッとひと吹きすれば、お部屋の空気もリフレッシュ。
また、カーテンにスプレーすれば風で揺れるたびに、さわやかな香りが広がります。

ドライブや勉強中の眠気覚ましに

寝てはいけないと頭ではわかっているのだけれど、どんどんまぶたが
重くなっていく……。そんなときには、ハッカ水（65ページ）を活用しましょう。
目元をさけてスプレーしたり、鼻の下に塗ったりすると眠気が覚め、
頭がすっきりします。

※運転中のご使用は控えてください。ご使用の際は、必ず車を停止させた状態でご利用ください。

STILL HAVE WAYS TO

玄関やトイレにぴったり
手作り芳香剤

市販の芳香剤の臭いが苦手……という人は、
ハッカ油と保冷剤で芳香剤を作ってみましょう。

FRAGRANCE

材料

- **ゲル状の保冷剤** …… **1袋**
  (ケーキやアイスを買った際に付いてくるもの)
- **ハッカ油** …… **2～3滴**

用意するもの

- **容器** (お皿や口の広い瓶など)

作り方

1. 容器に常温にもどした保冷剤の中身を入れます。
2. ハッカ油をたらしてかき混ぜます。分量はお好みで調節してください。

memo

♣芳香効果は半月ほど。かわいい瓶に入れれば、お部屋のインテリアとしても楽しめます。

EPILOGUE

ハッカは、こんなに いいことだらけ！

大昔から現在に至るまで、世界中のさまざまな場所で
身近な薬草として親しまれているハッカ。
そして、それをさらに使いやすく加工したハッカ油。
とても小さなこの小瓶は、
私たちの暮らしのいろいろなシーンで大活躍してくれます。
この本では、低コストで簡単にできる活用法を中心に
掲載しましたが、紹介しきれなかったアイデアもありますし、
もしかしたらまだ誰も思いついていない使い方が
あるかもしれません。
そのくらい、ハッカ油は自由に使えるアイテムなのです。
ハッカ油と上手に付き合いながら、
あなただけのハッカ油の活用法を見つけてみてくださいね。

［参考文献］

『ミントのチカラ』NHK 出版編（NHK 出版）
『ココロとカラダを癒す　ハーブを楽しむ暮らしのレシピ』
フローレンス めぐみ監修（朝日新聞出版）
『ミントブック』桐原春子著（ほるぷ出版）
『はっか油の愉しみ』前田京子著（マガジンハウス）
『お腹と頭がすっきり！ミント健康法』松生恒夫著（廣済堂出版）

PRODUCT INFORMATION

北見ハッカのハッカ商品

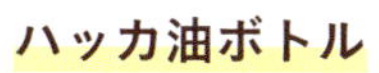

ハッカ油ボトル

天然ミントから抽出した精油を瓶詰めにした、スタンダードなハッカ油。本書で紹介した使用法も、これ1本で実践できます。

20㎖（内フタ・ロートは付属せず、キャップのみの仕様）
価格（税込）：1,080 円

ハッカ油スプレー

アウトドアやご旅行に必携の持ち運びが便利なスプレータイプ。困ったときに助けてくれるすぐれものです。

10㎖
価格（税込）：1,080 円

ハッカようじ

北海道産白樺材を使った楊枝の先に北海道産和種ハッカ油を染み込ませました。口に入れるとさわやかな香りが広がります。

180本入
販売価格（税込）：410 円

メンビス

道内産小麦を100%使用したラングドシャーに、ホワイトチョコとセミスイートチョコをはさみました。甘さをカバーするミントの爽やかさと、軽い食感が特徴です。

グリーンミント、スイートミント各6枚/グリーンミント、スイートミント各2枚
価格(税込)：756円 / 280円

ミントフェイス

天然和種ハッカを配合した、クールな使用感のあるウェットティッシュ。外出先でのエチケットや運動後の汗拭きにご使用ください。

20枚入（ノンアルコールタイプ）
価格（税込）：324 円

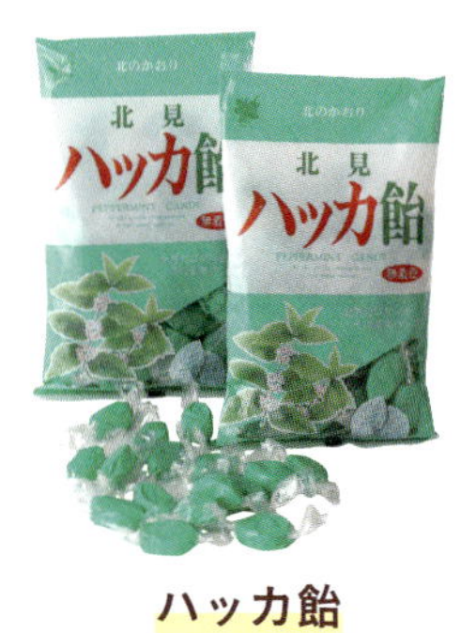

ハッカ飴

ミントの葉型がかわいい、無着色の飴。砂糖・水飴・ハッカ結晶のみで作られたまろやかな味が人気です。

270g
価格（税込）：410 円

美容、健康、料理＆家事に

毎日、ハッカ生活。

2017年4月30日　初版発行

著　者……北見ハッカ愛好会
発行者……大和謙二
発行所……株式会社大和出版
東京都文京区音羽1-26-11　〒112-0013
電話　営業部03-5978-8121／編集部03-5978-8131
http://www.daiwashuppan.com
印刷所……信毎書籍印刷株式会社
製本所……ナショナル製本協同組合
イラストレーション‥ばばめぐみ
デザイン……mogmog Inc.

ISBN978-4-8047-0535-4